JN120190

暑さで人の死ぬ時代

いま、名古屋があぶない

大和田道雄・大和田春樹

風媒社

目次

はじめに

　人はどれくらいの暑さにまで耐えられるのだろうか。世界各地で熱波による死者が急増し、アメリカやオーストラリアでは乾燥化による大規模な森林火災が頻発している。

　このまま地球温暖化が進行すれば、50年後、あるいは100年後には経済活動のみならず、食糧危機に陥る可能性も否めない。現在はまだその序章なのであろうか。

　東海地方は、地球温暖化に伴う南高北低の夏型気圧配置でフェーン現象による猛暑に見舞われる確率が高くなっている。

　まさに、地球温暖化は名古屋にとって最大の問題であることを認識し、市民と自治体が一体となって暑さ対策を実行することを切に祈って止まない。

最近の異常猛暑

　最近は、世界各地で猛暑による死者が急増している。特に 2003 年は、ヨーロッパ全域が猛烈な暑さに見舞われ、約 7 万人が死亡した。これは、気候変動に伴う熱波の襲来によるものである。

　インドでは、2015 年の熱波で死者が 1800 人に達し，過去 20 年間で最も多かった。しかし、これはあくまで病院に搬送された人数であり、実際には貧困層やホームレスを加えるとさらにその数は増すと思われる。

　また、翌年のモンスーンの季節には、インド西部のラジャスタン州で最高気温が 51℃ に達し、その州だけで 440 人以上が熱中症で死亡した。これは、海水面温度の高いインド洋から吹き込む南半球からの貿易風が、北側のチベット山塊で堰き止められ、強い日射で高温化したからである。

　熱帯や亜熱帯では、地球温暖化に伴って海水面温度が上昇し、29℃ 以上の高温領域が過去 20 年間で大西洋が 1.5 倍、太平洋は 2 倍、およびインド洋では 2.5 倍に拡大した。

　海水面温度の上昇は、対流活動が活発となって上昇気流域の熱帯地域には大雨を降らせるが、中緯度地域では下降気流による上層からの押し付けによって亜熱帯高圧帯が拡大し、高温と乾燥による砂漠化が進行する原因になる。

　2000 年以降、アメリカのカリフォルニア州で多発している大規模な山火事や、オーストラリア東岸の大規模な森林火災は、その気候変動に伴う乾燥化が原因であると考えられる。

　2010 年の東アジア、ロシア、ヨーロッパ諸国の猛暑、および中国

内陸部の干ばつは、その典型的な例である。

　筑波大学名誉教授の吉野正敏博士は、地球温暖化に伴う異常気象によって、「2100 年には世界の 4 分の 3 の人々が熱波による死の脅威にさらされる」と警告している。まさに、暑さで人が死ぬ時代を迎えたのである。

　我が国においても、**日最高気温が 35℃以上の猛暑日が 1980 年以降は増加傾向にあり、1970 年代以前に比較して 3 倍以上になった。**これは、ユーラシア大陸の地上から約 10km の高さにおける対流圏上層部に形成されるチベット高気圧の勢力が増し、日本付近にまで張り出すようになってきたからである。

　その結果、チベット高気圧の北を流れる亜熱帯ジェット気流が北上し、北太平洋高気圧の西への張り出しが容易となり、日本列島全域が対流圏上層の高気圧と北太平洋高気圧が重なり合って猛暑になりやすくなったのである。

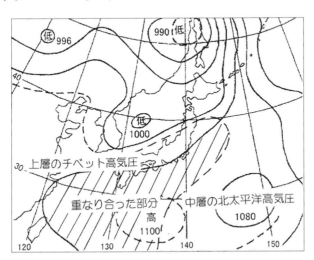

図1　対流圏上層のチベット高気圧と中層の北太平洋高気圧が日本付近で重なり合って猛暑になる。

異常気象と偏西風

　異常気象の原因は、地球温暖化に伴う対流圏の寒帯、亜寒帯、温帯、亜熱帯から熱帯に至る各気候帯の気温や降水量、雲などの気候要素が気候変動によって変化するからである。

　地球温暖化が叫ばれ始めたのは、気候シフトと呼ばれる気候が大きく変わった1970年代後半からであり、その原因は石炭や石油等の化石燃料の大量使用に伴う温室効果ガスの排出によるものとされている。

　しかし、1800年代から2000代にかけて全球規模で気温が上昇し続けてきたわけではない。1900年代に入ってから徐々に気温が上昇してはきたものの、1940年代後半から気温が低下傾向を示しているのである。

　その原因は明らかではないが、1970年代後半からは再び上昇傾向

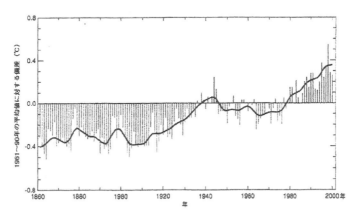

図2　気候変動に関する政府間パネル（IPCC）の報告では、全球表面温度平均偏差の経年変化（1986〜2000年）によると1940年代で一旦上昇してから下降し、1970年代後半から再び上昇している。

に転じ、2000 年代以降は急激に上昇率が高まっているのである。

　気候変動は、大気と海洋との相互作用によるものであり、地球温暖化に伴う海水面温度の上昇で対流圏の緯度に沿う南北の子午面循環の規模が拡大して気候帯の位置が変動するのであるが、その目安となるのが偏西風であり、その最も風の強い収束域の強風軸がジェット気流である。

　ジェット気流の歴史は浅く、その存在が始めて確認されたのは第二次世界大戦中であり、アメリカから日本本土に向かう爆撃機（B29）のパイロットであるとされている。

　ジェット気流は、温帯と亜寒帯との境を流れる寒帯前線ジェット気流と、亜熱帯と温帯とが接する緯度帯を流れる亜熱帯ジェット気流に分類され、温帯を挟んで寒帯前線ジェット気流の北側は亜寒帯、亜熱帯ジェット気流の南側は亜熱帯である。

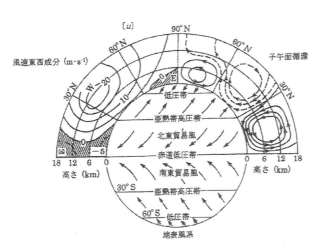

図3　片山による対流圏子午面循環モデル。ジェット気流は、子午面に沿う熱的循環の収束帯にあたり、低緯度が亜熱帯ジェット気流、高緯度は寒帯前線ジェット気流が流れている。

　したがって、温帯に属する我が国は、冬には寒帯前線ジェット気流が南下して亜寒帯、夏になると亜熱帯ジェット気流が北上して亜熱帯大気に覆われることが多くなる。

　現在、亜熱帯ジェット気流は、地球温暖化に伴う亜熱帯高圧帯の拡大に伴って北上しているのに対し、寒帯前線ジェット気流は亜寒帯と温帯との気温差による熱交換で、南北の蛇行が激しくなり、南下する傾向にある。

　特に、東アジアは北アメリカ、ヨーロッパに並ぶ寒帯前線ジェット気流の蛇行が激しい地域にあたり、上空の寒気が南下しやすい地域にあたるため、亜熱帯ジェット気流と接近するようになってきた。

　近年、地球温暖化に伴って亜熱帯領域は拡大しているが、亜寒帯は寒冷化に向かっている。北極圏のラップランドでは、樹齢500年以上のアカマツの年輪解析から、亜寒帯が寒冷化に向かっていることが証明されている（イナリ　シーダ博物館）。

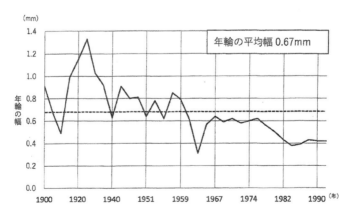

図4　アカマツの年輪幅の解析から1960年代以降、亜寒帯が寒冷化していることがわかる。年輪の幅が大きければ温暖化、狭ければ寒冷化である。（フィンランド、イナリ　シーダ博物館）

図5　ラップランドにおける樹齢500年
以上のアカマツの年輪。　周辺は野生の
ブルーベリーやラズベリーである。

　その原因は、地球温暖化による北極の氷河の融解で、冷涼な海水が亜寒帯に流れ込んでいることが考えられるが、明らかではない。しかし、亜寒帯の寒冷化は、現在多発している異常気象を解明する上で重要な現象である。

　我が国でも**竜巻や台風並みの突風が発生するようになったのは、地上と上空との温度差による大気擾乱が活発となった証拠**であり、地球温暖化による地上の温度上昇だけでは起こらない現象である。

　近年、**時間雨量が100ミリを超える集中豪雨が多発するようになったのは、亜寒帯と亜熱帯とが直接触れ合う機会が多くなったから**であり、今後は上空の寒気についても目を向ける必要がある。

　近年、北海道東部のオホーツク海では、中心気圧が台風並みの爆弾低気圧が発生するようになった。これは、日本海低気圧と日本列島の南岸に沿って北上する南岸低気圧が合体し、日本海低気圧からの寒気と南岸低気圧からの暖気が接触して低気圧が異常発達するからである。

　このような温帯低気圧の異常発達は、漁船が操業できないほどの大時化になり、漁業関係者は厳しい環境を強いられているのが現状だ。

偏西風と夏型気圧配置

　日本の夏は、ユーラシア大陸の上層部に形成されるチベット高気圧の盛衰に左右され、その北を流れる偏西風の谷や尾根の位置によって北太平洋高気圧の張り出し方が変わり、暑さが決定する。

　夏型気圧配置は、「全面高気圧型」「南高北低型」「東高西低型」「オホーツク海高気圧型」に分けられるが、オホーツク海高気圧はブロッキング高気圧とも呼ばれ，寒帯前線ジェット気流の蛇行によって閉塞、停滞する冷涼な高気圧である。

　1993年以降から現れることが少なくなったが、1950年代はオホー

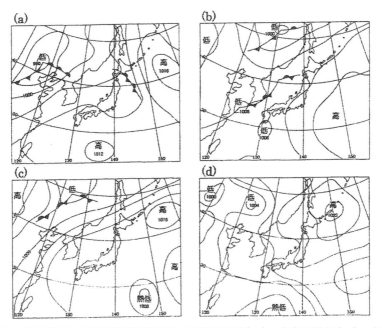

　図6　東アジアの主な夏型気圧配置は、南高北低型（ａ）、東高西低型（ｂ）、全面高気圧型（ｃ）、およびオホーツク海高気圧型（ｄ）に分類され、全国的な猛暑になるのは全面高気圧型であるが、近年出現頻度が増してきた南高北低型は、西日本に異常猛暑をもたらす典型的な夏型気圧配置である。

ツク海高気圧型の出現頻度が最も高く、約34％を占めていた。この
ため、高気圧から吹き付ける「ヤマセ」と呼ばれる冷たい強風は、
北海道や東北地方の太平洋側に日照不足や低温をもたらし、冷害や
凶作の原因として恐れられていた。

表1　気候シフト前後の夏型気圧配置の変容

夏型気圧配置	1950年代(%)	2000年代(%)
南高北低型	31.0	49.8
全面高気圧型	23.0	28.4
東高西低型	12.2	13.4
オホーツク海高気圧型	33.8	8.4

世界的に気温が低かった1950
年代はオホーツク海高気圧型の
出現頻度が高かったが、地球温
暖化が叫ばれた2000年代は南
高北低型が約5割を占めるよう
になった。

　しかし、2000年代に入ってからは、オホーツク海高気圧型に代わっ
て南高北低型が49.8％を占めるようになった。さらに、全面高気圧
型も約28.4％と出現頻度が増してきたのである。
　したがって、1970年代以前は寒帯前線ジェット気流の南下によっ
て亜寒帯化していたが、近年は亜熱帯ジェット気流の北上に伴って
日本列島は亜熱帯化してきているのである。
　亜熱帯ジェット気流が南から北に大きく蛇行して日本列島を縦断
し、北太平洋高気圧が南北に張り出す東高西低型は、日本海に熱帯
低気圧や台風、および発達した温帯低気圧が通過すると、脊梁山脈
を越えた風が日本海側に吹き下り、1933年の山形では気象管署の観
測史上二番目の40.8度を記録した。
　これに対し、全国的に猛暑になるのは亜熱帯ジェット気流が樺太
南部まで北上し、日本列島全域が北太平洋高気圧に覆われる全面高
気圧型である。

　この高気圧は、下降気流による昇温効果で全国的に気温が上昇するだけでなく、乾燥化によって各地で渇水やダム湖が枯渇し、水不足によって給水制限に追い込まれることが多くなる。

　また、南高北低型は、現在最も多く現れる夏型気圧配置で、亜熱帯ジェット気流が日本列島を横断して流れ、北日本は前線の停滞や温帯低気圧の通過によって冷夏となるが、西日本は北太平洋高気圧に覆われて暑くなる北冷西暑型である。

　この型は、舌状に張り出した北太平洋高気圧の縁に沿って西寄りの風が吹き、太平洋側の各地では、風上側の山地からフェーン現象による熱風が吹き下りて異常猛暑になる。このため、気象庁は暑さの指標として、これまで夏日が日最高気温25℃以上、30℃以上は真夏日、および日最低気温25℃以上が熱帯夜としてきたが、近年の高温化によって2007年には日最高気温35℃以上の猛暑日を加えたのである。

　さらに、これらの気圧配置に加え、**体温を上回るような猛暑が出現するのは「鯨の尾型」である**。これは、日本海に低気圧があって北太平洋高気圧の西端が鯨の尾のように張り出している型であり、南高北低型に類するものである。

　南高北低型は、高気圧の縁に沿って南西系の風が吹くのに対し、鯨の尾型では北西系の風になる。したがって、西側山地よりも標高の高い中部山岳地帯を越えることになり、さらに暑さが増すのである。

　岐阜県の多治見は、埼玉県の熊谷と並ぶ猛暑地域として知られているが、筑波大学の研究グループの調査によると、多治見の猛暑はこの鯨の尾型による風の流れが原因であるとしている。

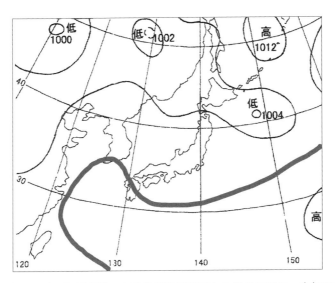

図7　鯨の尾型の気圧配置　南高北低型が変形した鯨の尾型は、高気圧の縁に沿う風が北西系となり、中部山岳地帯を越えて吹き下りるため、猛暑になりやすい。

図8　伊勢湾岸地域の地形。南高北低の気圧配置では、南西系の風が鈴鹿山脈を越えてくるが、鯨の尾型では北西系の風となって伊吹山地から吹き下りてくるため、さらに気温が高くなる。

名古屋の暑さ

これまで名古屋の猛暑日日数は、1970年代後半から大阪とともに増加してきたが、それが加速したのは1990年代に入ってからである。特に全国的に猛暑になった1994年は、東京が12日であったのに対し、名古屋と大阪は25日に達した。

この年は、全国的に北太平洋高気圧に覆われ、名古屋では最高気温が39.8℃に達し、名古屋地方気象台の観測史上二番目の暑さを記録した。

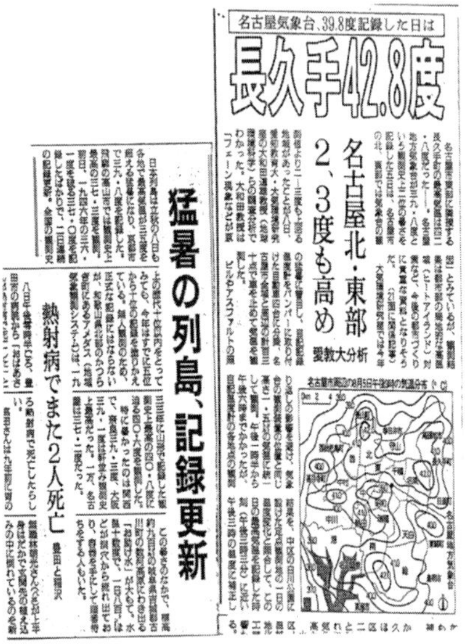
名古屋気象台、39.8度記録した日は
長久手42.8度
名古屋北・東部 2、3度も高め
愛教大分析
猛暑の列島、記録更新
熱射病でまた2人死亡

図9　全面高気圧に覆われ、全国的に猛暑になった1994年8月5日は、名古屋気象台の観測史上二番目の39.8℃度を記録した。この日の調査では長久手が42.8℃で最も気温が高く、朝日新聞朝刊の1面に掲載された。

名古屋では、市域のほぼ全体が40℃を上回り、都心部にあたる中区、および東区では39℃以下であるのに対し、都心部の周辺地部にあたる中村区、北区、名東区、および緑区では42℃の異常猛暑となったのである。

しかし、翌年の1995年は、猛暑日日数が東京は12日、大阪が26日であるのに対し、名古屋は32日に達して大阪を大きく上回った。さらに、37℃以上の異常猛暑日は14日で、過去最高を記録した。

これは、この年の夏が典型的な南高北低型の気圧配置になり、東海地方は北太平洋高気圧の縁に沿う西寄りの風が鈴鹿山脈を越え、

フェーン現象による
異常猛暑に見舞われ
ることが多かったか
らである。

　愛知万博が開催さ
れた2005年は、観測
日が梅雨明け直後の
典型的な南高北低型
の気圧配置が強まっ

図10　鈴鹿山脈とフェーンによる笠雲。　南高北低の
気圧配置になると東海地方は鈴鹿山系から吹き下りる
フェーン現象によって猛暑となり、体温を上回る暑さ
になる。

た鯨の尾型であり、
名古屋東部の愛知万
博会場では37℃度以上に達した。

　名古屋東部に高温域が集中し
たのは、フェーン現象を伴った高
温な北西風が名東区から長久手
に吹き込んだからであり、愛知万
博の期間中は熱中症患者の搬送
が相次いだ。

　梅雨明け時に熱中症患者が多
発するのは、身体がまだ暑さに慣
れていないからであり、熱中症の
搬送者数が盛夏時を上回ること
が多い。

　同じく東海地方の梅雨が明け
た2015年は、気圧配置が南高北

図11　2005年の愛知万博が開催され
た年は、鯨の尾型の気圧配置で高温な
大気が名古屋東部の万博会場に吹き込
んだ。これは、中日新聞の夕刊1面に掲
載されたが、朝日新聞の朝刊1面にも掲
載されている。

低型になって、名古屋市のほぼ全域が35℃以上の猛暑になった。

　この季節は、生鮮食品に多い腸炎ビブリオ菌による食中毒が年間を通じて多発する。これは、突然の暑さに人々の生活が対応していないからである。

　名古屋北部の守山区、中川区、名東区では37℃以上の猛暑となったが、都心部の東区や西区の一部では34℃以下で、周辺地域より3℃以上も低かった。これは、いわゆるヒートアイランドのドーナツ化現象である。

　その原因は、都心部の気温上昇に伴う対流現象によって、中心部の上昇気流による気温の軽減効果（湿潤断熱）、および下流域にあたる

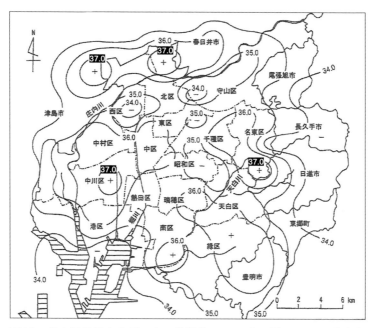

図12　名古屋の暑さのドーナツ化現象。2015年7月20日は、南高北低型の気圧配置で、名東区、守山区、中川区で37℃以上の猛暑になったが、西区や北区の一部地域では34℃以下であった。

周辺部の昇温効果（乾燥断熱）が考えられるが、定かではない。しかし、風が弱まる凪の時間帯には、都心部に向かう反時計回りの風の渦を確認している。

図13　北西の風が吹き下りる伊吹山地。気圧配置が鯨の尾型になる北西のフェーン現象による風が伊吹山地から吹き下りる。

　さらに8月の盛夏時になると、朝鮮半島南部に温帯低気圧が発生して高気圧の形状が鯨の尾型となり、北西の風が北部山地から濃尾平野に吹き下りたため、名古屋はほぼ全域が36℃以上の猛暑になった。

　特に、気温が高かったのは中村区、南区から緑区、および名東区から長久手にかけての地域であるが、名古屋東部の長久手は38.5℃度に達し、最も気温が高かった。これは、愛知万博が開催された2005年の夏と同じ構造である。

図14　気圧配置が盛夏時の鯨の尾型（2015年8月11日）になると、名古屋東部の名東区から長久手にかけての地域が、北西の風によるフェーン現象で猛暑になる。

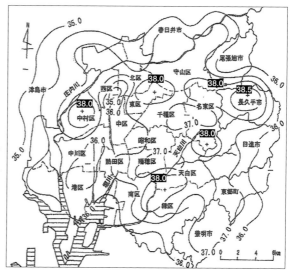

　これからは、名古屋東部の名東区や長久手、および西区、中村区、中川区、および南部の港区、南区の南西部では、体温を上回る猛暑になる日が多くなり、鯨の尾型の気圧配置での運動や課外活動を控え、暑さに対する危機意識を持つことが重要である。

図15　運動会や屋外での課外活動は、長時間強い日射しに晒されるため、テントや木陰での頻繁な休憩と水分補給に努めなければならない。

熱中症の危険性

熱中症は，明治時代から軍隊や炭鉱などで働く労働者が、日射病として知られていたが、現在では熱痙攣、熱失神、熱疲労、熱射病などの呼び名を経て、熱中症として用いられるようになった。

日射病と呼ばれた時代は、危険性の指標が気温のみであったが、実際に身体で感じる暑さが同じであるとは限らない。特に湿度が高く、蒸し暑い日には身体に風をあてることで皮膚の蒸発散を促し、体温の調節をしてきたのである。

過去の暑さ対策としては、昔から使われているのが団扇であるが、時代の進化とともに扇風機に替わり、エアコンディショナーによって気温と湿度を下げる工夫をしてきた経緯がある。

大陸などの乾燥気候では、気温と湿度に風を加えた快指数が使われているが、温暖湿潤気候のわが国では、風速と湿度が「負」関係にあることから、気温と湿度による不快指数が一般的に用いられるようになった。

不快指数は、気温を表す乾球温度と、大気中の水蒸気を加えた湿球温度から導き出される指数で、汗腺数が同じであれば75以上では半数の人が不快、80以上になると全員が不快と感じるものである。したがって、北日本と西日本の人々の感じる暑さが同じであ

図16　庄内川に沿う海風前線地域にあたる森林公園では、ミストシャワーが設置されていて、気化熱による熱中症対策がなされ、子どもたちが涼しげにシャワーを浴びている。

19

るとは限らない。

　1970年代の名古屋は、伊勢湾から進入する海風前線地域にあたる中村区から中区、瑞穂区、および南区の不快指数が高かったが、2000年以降からは庄内川左岸に沿う海風前線地域の北区や西区、および庄内川と中川運河に囲まれた中川区から港区にかけての南西部へと変化した。

　特に2014年は、都心部の中区、千種区で81以下であったが、周辺部の港区から北区にかけての地域、および名東区や庄内川に沿う海風前線にあたる西区では84以上に達し、庄内川の左岸地域の不快

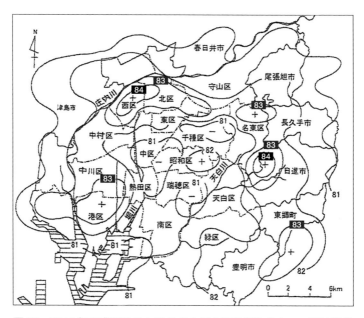

図17　2014年の盛夏時における名古屋の不快指数分布。　不快指数は80以上になると全員が不快を覚えるが、名古屋は全域が82以上であり、港区から中村区、西区にかけての庄内川に沿う地域は、不快指数が83を上回り、名東区、西区では84で最も蒸し暑いことになる。

指数が高い傾向がみられた。

　これは高温域の中心が名古屋都心部から周辺地域に移ったことと、都心部の乾燥化と河川沿いの高湿な海風による影響も考えられる。

　しかし、夜間には、高層建築物やアスファルト・コンクリートの占める割合が高い都心部の熱放射が不快指数を高め、日中とは必ずしも同じではない。

　夜間の不快指数は、高齢者の熱中症予防の指標になり、**不快指数が80を上回る室内は危険であり、皮膚温度を下げる工夫が必要である**。

　これに対し、日中は屋外労働者が路面や壁面の輻射熱によって熱中症を発症する場合が多く、気温、湿度に加え、地表面からの輻射熱を加えたWBGT（湿球黒球温度）が、熱中症の危険度を知る重要な目安となる。

　厚生労働省は、WBGTの予防基準値を梅雨明け時と盛夏時、および有風時と無風時に分けて熱中症の危険性を分類し、WBGTが30℃を上回った場合には、屋内外を問わず絶対安静で作業は禁止とされている。

　特に、暑さに順化していない梅雨明け時には、作業内容が軽い手作業は29℃、トラクターや建設車両の運転は26℃、重労働23℃、激しい肉体労働では20℃と四段階の基準値をもうけて注意を促している。

　日本体育協会では、屋外スポーツの熱中症の危険度を鑑み、気温とWBGT温度の比較をした運動指針を出している。輻射熱を加えたWBGT温度は気温より約3℃低く、WBGT温度の31℃は気温の猛暑

表2　気温とWBGT温度の比較による熱中症予防のための運動指針

WBGT ℃	湿球温度 ℃	乾球温度 ℃		
31	27	35	**運動は原則中止**	特別の場合以外は運動を中止する。特に子どもの場合には中止すべき。
28	24	31	**厳重警戒**（激しい運動は中止）	熱中症の危険性が高いので、激しい運動や持久走など体温が上昇しやすい運動は避ける。10〜20分おきに休憩をとり水分・塩分を補給する。暑さに弱い人※は運動を軽減または中止。
25	21	28	**警　戒**（積極的に休憩）	熱中症の危険が増すので、積極的に休憩をとり適宜、水分・塩分を補給する。激しい運動では、30分おきくらいに休憩をとる。
21	18	24	**注　意**（積極的に水分補給）	熱中症による死亡事故が発生する可能性がある。熱中症の兆候に注意するとともに、運動の合間に積極的に水分・塩分を補給する。
			ほぼ安全（適宜水分補給）	通常は熱中症の危険は小さいが、適宜水分・塩分の補給は必要である。市民マラソンなどではこの条件でも熱中症が発生するので注意。

注）屋外運動は水分の補給、休息が不可欠であり、 WBGT28.0℃以上では激しい運動に厳重警戒、WBGT31.0℃は猛暑日（日最高気温35.0℃以上）に相当することから、運動中止が原則である。
（出典）日本体育協会HP「熱中症予防のための運動指針」, 2020

日である35℃以上に相当する。

　また、日本生気象学会では日常生活におけるWBGTが25℃未満の場合（第一段階）はある程度の運動が許されるが、第二段階（25〜28℃）になると激しい運動や作業での定期的な休憩を取り、第三段階

表3　日本生気象学会の熱中症予防基準

温度基準 WBGT	注意すべき生活活動の目安	注意事項
危険 31℃以上	すべての生活活動で起こる危険性	高齢者においては安静状態でも発生する危険性が大きい。外出はなるべく避け、涼しい室内に移動する
厳重警戒 28〜31℃		外出時は炎天下を避け、室内では室温の上昇に注意する
警戒 25〜28℃	中等以上の生活活動で起こる危険性	運動や激しい作業をする際は、定期的に十分に休息を取り入れる
注意 25℃未満	強い生活活動で起こる危険性	一般に危険性は少ないが、激しい運動や重労働時には発生する危険性がある

注）WBGTの28.0℃以上は厳重警戒、WBGT31.0℃になると活動中止が原則である。

（28〜31℃）になると屋外では熱中症の危険度が高く、外出を控えるよう示唆している。

　さらに、WBGTが31.0℃を超える第四段階では、夜間や就寝中の安静な状態でも高齢者は熱中症を発症する可能性が高くなると警告している。

　熱中症の症状は三段階に分けられていて、第一段階は、めまい、立ちくらみ，発汗の症状、第二段階では頭痛、嘔吐、倦怠感を催し、さらに、第三段階になると意識障害や腎機能障害になるが、この段階では命に関わる重症患者であり、救急搬送後に血管内冷却による治療が必要になる。

　道路工事や建設現場では、長時間にわたる厳しい熱環境を強いられていて、真夏日や猛暑日には熱射病を発症する危険性が高いことを認識し、休憩や水分の補給などを怠らないようにしなければならない。

暑さによる熱中症の危険度

　名古屋の暑さは、夏型気圧配置の違いによって高温域の分布に地域性がみられたため、全面高気圧型、南高北低型、および鯨の尾型に分けて16の行政区とその周辺地域の熱中症の危険度を比較した。

表4　夏型気圧配置型別行政区の暑さ危険度

行政区	全面高気圧型	南高北低型	鯨の尾型	総合
名東区	5	4	4	13
北区	5	5	3	13
西区	4	5	3	12
中川区	4	4	3	11
港区	3	4	3	10
東区	4	2	4	10
千種区	4	3	3	10
熱田区	4	2	4	10
守山区	4	2	3	9
南区	3	3	3	9
瑞穂区	4	3	1	8
中村区	4	2	2	8
中区	2	2	4	8
昭和区	2	3	2	7
緑区	4	1	1	6
天白区	3	1	1	5
長久手市	4	3	4	11
尾張旭市	4	1	3	8
東郷町	3	3	2	8
日進市	2	2	2	6
豊明市	2	1	2	6

＊暑さの危険度が最も高いのは危険度5であり、3は標準、1は相対的に危険度が低いことを表している。総合評価は、各気圧配置における危険度を合計したものである。

24

　その結果、日本列島全域が北太平洋高気圧に覆われ、名古屋の全域が40℃以上になった全面高気圧型（1994年8月5日）では、42℃以上となった北区と名東区で最も暑さが厳しくなることが明らかとなった。

　次いで東区、千種区、瑞穂区、熱田区の都心部、および中川区、守山区、緑区とその周辺地域の尾張旭市と長久手市である。相対的に危険度が低かったのは、中区と昭和区である。その原因はヒートアイランドに伴う都心部と周辺地域の気温差で起こる対流現象によるものと思われるが、定かではない。

　また、西日本に高気圧が偏って覆われる南高北低型（2008年8月2日）は、市域全体が猛暑日となったが、最も危険なのは北区と西区である。次いで南西部の中川区、および港区であるが、これは西寄りのフェーンの影響を受けたからであろう。

　これに対し、東区、中区、熱田区は都心部にもかかわらず、南東部の天白区や緑区、および周辺部の尾張旭市、豊明市と同じであった。

　さらに、鯨の尾型（2005年7月22日）では、危険度が最も高かったのが東区、中区、熱田区の都心部と東部の名東区、長久手市である。これは北西のフェーンの影響によるものと思われるが、昭和区から瑞穂区、天白区、緑区にかけての南東部では危険度が低かった。

　したがって、総合的にみて暑さの危険度が最も高いのは北部の北区と東部の名東区であり、次いで西区、中川区と長久手市、千種区、東区、熱田区、港区である。

　危険度が相対的に低かったのは天白区であり、次いで緑区および日進市、昭和区、中村区、中区、瑞穂区、および周辺地域の尾張旭市、東郷町の順である。

熱中症の患者数

　世界的な猛暑になった2010年は、日本列島が北太平洋高気圧に覆われた全面高気圧型となり、大都市での熱中症搬送患者が急増した。東京での救急搬送者が3,400人に達し、大阪は1,000人であったが、名古屋では500人程度であった。

　しかし、全国の患者数が5万9000人に達した2013年は、北太平高気圧が西日本を覆った典型的な南高北低型であるが、西に張り出す北太平洋高気圧の西縁が北西方向に跳ね上がる鯨の尾型であった。

　気象庁の発表によれば、2013年は東京23区でも2010年に次いで熱中症の搬送者が多かった年であり、大阪と名古屋でも過去最多の患者数を更新し、名古屋は7月が600人、8月でも450人を上回り、1,000人以上が搬送されたのである。

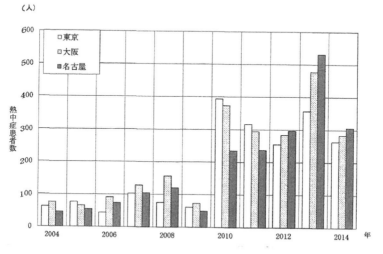

図18　東京・大阪・名古屋の熱中症患者数（100万人あたり）

　これを人口100万人あたりの患者数に置き換えると、2013年は東京が350人、大阪が480人であるのに対し、名古屋は520人で最も多くなり、熱中症の発症率が東京や大阪と比較しても高いことがわかる。

　この年の名古屋市域の熱中症患者数は、中区、昭和区、瑞穂区、および熱田区の都心部では50人以下であるが、緑区から南区南部、港区、中川区から中村区にかけての南西部が100人以上、港区では120人以上に達した。

　熱中症の患者数は、6月上旬のWBGTが26℃を超えたあたりから急増し、梅雨が明ける7月下旬がピークに達するが、WBGTが30℃になる8月上旬には熱中症患者がいったん減少する傾向をみせる（名古屋市消防局）。

　その後、WBGTがピークを迎える8月中旬になると再び熱中症患

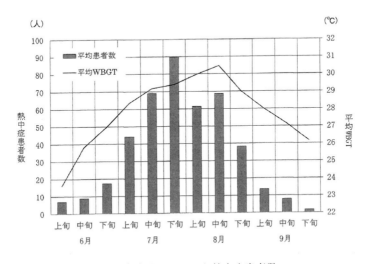

図19　名古屋のWBGTと熱中症患者数

者が増加する傾向があるものの、熱中症の患者数が7月下旬を上回ることはなく、7月中旬並みである。これは暑さに慣れてきたからであろう。

また、WBGTが29℃を下回る8月下旬からは熱中症患者が7月上旬以下となり、28℃を下回る9月上旬になると一気に熱中症患者が減少している。したがって、WBGTは28℃が熱中症患者発症の目安となるようである。

名古屋市消防局の資料から、最近10年間の16の行政区における熱中症患者数の増加に伴う危険度を5段階で評価すると、都心部の

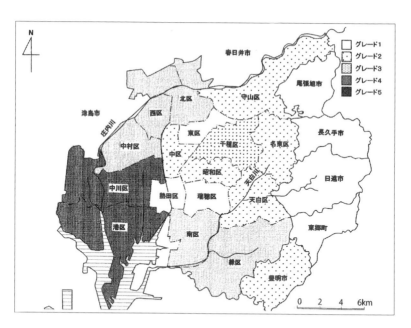

図20　行政区別に見た名古屋市の最近10年間における熱中症患者の増加率に伴う危険度

東区、熱田区、瑞穂区ではグレード1で最も低く、名古屋周辺の尾張旭市、長久手市、日進市、東郷町と同じであった。

　次いでグレード2は、守山区、名東区、中区、昭和区、天白区、豊明市であるが、千種区は名古屋市域の平均的なグレード3である。

　熱中症が発生しやすい危険な区に分類されるのは、名古屋北西部から南西部にかけての北区、西区、中村区、中川区、港区の各区がグレード4以上であるが、特に中川区および港区ではグレード5と最も危険度が高い。

　したがってグレード4以上に属する区は、熱中症対策が特に重要であり、猛暑日には激しい屋外労働を避け、こまめに日陰で水分補給を心掛けるべきである。

　これはあくまで名古屋とその周辺地域の相対的な評価であり、基本的に猛暑地域であることに変わりはないため、グレード3以下の各区でも屋外スポーツやイベント、体育の時間は日差しの強まる前に済ませる必要がある。

熱帯夜の危険性

　名古屋市における**熱中症患者の多くは65歳以上の高齢者で、全体のほぼ50％以上を占めている**。次いで40〜64歳が20％、19〜39歳は15％、さらに、7〜18歳では10％の順であり、若年化とともに減少する（国立環境研究所）。

　熱中症の発生場所は、若年層は道路や駐車場、工事現場などの屋外がほとんどであるが、40〜64歳は約35％、65歳以上では60％が住宅室内である。さらに、熱中症による死亡者の9割は屋内である。

　日最低気温が25℃を上回る熱帯夜は、地表面が太陽から受ける熱量に対し、日没後の夜間から早朝にかけて放出する熱量が下回り、夜間になっても放熱を続けるために起こる現象である。高齢者が就寝中に熱中症を発症する場合が多い。。

　熱中症患者の5割以上が65歳以上の高齢者なのは、皮膚が感じる体感温度が鈍ってきたことと、以前のように夜間になると気温が下がるとの思い込みから、室内の温度環境に対する注意を怠っているからであろう。

　特に名古屋は、東京や大阪に比較して熱帯夜日数が増加しており、1970年代後半までの熱帯夜日数は、東京が15.9日、大阪は28.3日であるが、名古屋はわずか6.1日で極端に少なかった。

　しかし、1980年以降

表5）東京・大阪・名古屋の熱帯夜日数の変化

	1961〜1979年	1980〜2005年	増加率
東京	15.9日	26.5日	1.7倍
大阪	28.3日	35.4日	1.3倍
名古屋	6.1日	17.3日	2.8倍

は東京が 26.5 日で 1.7 倍、大阪は 35.4 日で 1.3 倍なのに対し、**名古屋は 17.3 日で 2.8 倍に増加した**のである。さらに、2010 年以降は名古屋の熱帯夜が30日を上回り、東京、大阪に拮抗してきているのである。

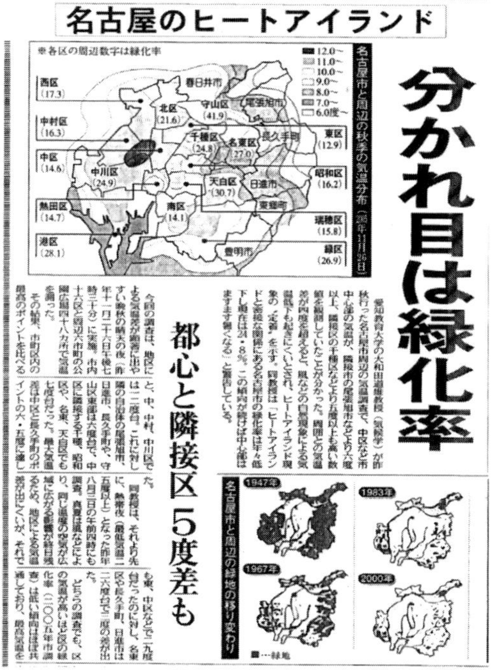

名古屋のヒートアイランド

分かれ目は緑化率

都心と隣接区 5度差も

愛知教育大学の大和田道雄教授（気候学）が昨秋行った名古屋市周辺の気温調査で、中区など市中心部の気温が、隣接市の尾張旭市などより五度以上、隣接区の千種区などより四度以上も高い数値を観測していたことが分かった。周囲との気温差が四度を超えると、風などの自然現象による気温低下も起きにくいとされ、ヒートアイランド現象の"定着"を示す。同教授は「ヒートアイランドと密接な関係にある名古屋市の緑化率は年々低下し現在は24・8%。この傾向が続けば中心部はますます暑くなる」と指摘している。

図21　名古屋の熱帯夜は緑被率次第。2005年8月の日最低気温は、都心部ほど高く、真夏日に近い29℃であったが、気温は同心円で緑被率と「負」の相関を示した。中日新聞の夕刊1面に掲載された記事である。

名古屋の熱帯夜分布は、各区における緑地、森林、オープンスペース、および水面積などの緑被率と「負」の相関にあり、市全域は 28℃以上の暑さであるが、特に緑被率が最も低い中区や東区では 29℃以上に達し、夜間にもかかわらず日中の真夏日並みの暑さである。

日最低気温は緑被率と「負」の相関にあり、緑被率の低下とともに最低気温が上昇し、緑被率 15%で 28.4℃、30%で 27.9℃、40%では 27.6℃である。

したがって、名古屋の緑被率が 2%減少すると日最低気温が 0.05℃上昇し、10%の減少で 0.32℃、20%になると 0.87℃上昇することになる。

　緑被率が低い都心部では、夜間にもかかわらず真夏日に近い暑さであり、就寝中は空調機器を利用するなど十分な対策が必要であり、冷房機器の使用を怠ると脱水症による熱中症も免れない。

　夜間の室内で熱中症が多発するのは、気候変動による気温の上昇で夜間でも気温が下がらず、危険であるとの認識が十分ではないからであろう。

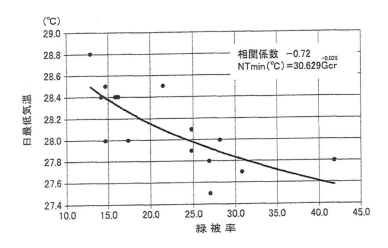

図22　名古屋における緑被率と日最低気温

都市の暑さ対策

　都市の暑さの要因となるヒートアイランドの形成要因は、高層建築物やアスファルト・コンクリートの熱容量、路面の輻射熱、都市活動に伴う排出熱、生活に必要な冷暖房熱などによるものである。

　したがって、**都市の規模が大きいほど都市内部と郊外との気温差を示す「ヒートアイランド強度」が増す**傾向がある。

　1970年代当時、名古屋のヒートアイランド強度は2度であったが、都市域の拡大に伴って1982年には2.5度となり、1986年が3.0度、1988年には3.5度になってヒートアイランド強度が増してきた。

　我が国で都市の暑さの要因としてヒートアイランドが注目されるようになったのは、1970年代後半の地球温暖化が叫ばれるようになってからであるが、ヒートアイランドは、都市の大気汚染の元凶としてヨーロッパでは古くから研究されてきた。

　これは、ヒートアイランドが都心部の気温が高いだけでなく、都

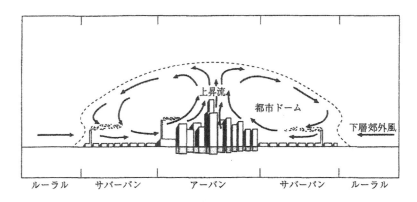

　図23　ヒートアイランド循環モデル（オーク）　ヒートアイランドは、都心部を中心とした対流循環系で、気圧の低い都心部に向けて周辺部からの大気が流入してドーム状をなしている。

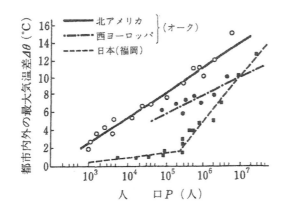

図24 ヒートアイランド
強度と都市の人口規模。
　オークのモデルを福岡
が付け加えたもので、我
が国は、人口規模30万
人までは北アメリカや西
ヨーロッパに比較して極
端にヒートアイランド強
度は弱いが、都市規模が
大きくなると西ヨーロッ
パを上回るようになる。

心部で上昇気流が発生して周辺部に下降する対流現象をなしている
ため、対流の内部は高度による気温低下がなく、気温の逆転層を形
成しているため、都市内部で排出された大気汚染物質や熱を閉じ込
めるからである。

　日本は、人口規模が10〜20万人以下の小都市ではヒートアイラ
ンド強度が2℃以下に抑えられ、北アメリカやヨーロッパに比較して
弱い傾向がある。これは、これらの都市の熱源となる建物構造の違
いによるものであり、日本の小都市は規模の大きなビル建物が少な
く、熱の蓄積が少ない木造建築やモルタルの外壁、瓦屋根の建物の
占める割合が高いからである。

　しかし、人口規模が30万人を上回ると都市規模の拡大に伴って急
激にヒートアイランド強度が強まるのである。これは、日本の都市
が規模によって大きく変わるからであり、30万人以上の中都市から
熱容量の大きな高層建築物が建ちはじめ、大都市になると高層建築
物が林立して、アメリカやヨーロッパと同じ都市形態をなすからで
あろう。

現在、人口規模が800万人を上回る大阪のヒートアイランド強度は7℃であるが、人口が1400万人に迫る東京は西ヨーロッパの都市を上回り、12℃である。

基本的に、北アメリカの都市は西ヨーロッパの都市に比較してヒートアイランド強度が強い傾向があり、北アメリ

図25　西ヨーロッパの旧市街地における路面構造。西ヨーロッパの旧市街地は、花崗岩のブロックが敷き詰められていて、透水性が高いだけでなく、道路工事によるコンクリートの廃棄物は出ない仕組みになっている。

カの都市人口規模が100万人のヒートアイランド強度は、西ヨーロッパの1000万人都市に匹敵する。

これは、西ヨーロッパと北アメリカの都市形態や構造が異なるからであり、歴史的な西ヨーロッパの旧市街地は、花崗岩が敷き詰められた路面道路が多く、透水性に優れ、気化熱効果によって輻射熱を抑える路面構造になっているからであろう。

北海道の札幌や杜の都仙台、河川の多い広島や岡山の中都市ではヒートアイランド強度が4℃であるが、これらの都市の共通点は、オープンスペースと呼ばれる緑被率が30％を上回ることである。

現在、名古屋は緑被率が25％に満たないが、人口約230万人の都市規模にもかかわらず、ヒートアイランド強度は5度に維持されている。

ヒートアイランド強度は、ヒートアイランドの対流現象の上限に

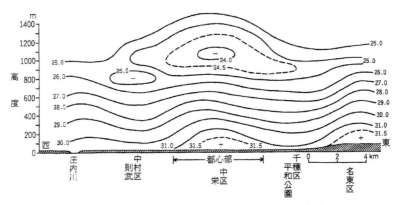

図26　1986年当時の名古屋のヒートアイランド上限高度。地上では都心部の中区栄と名東区の気温が高く、高度1000メートル付近が周辺部より気温が低く、これがクロスオーバーポイントで、ヒートアイランドの上限高度である。

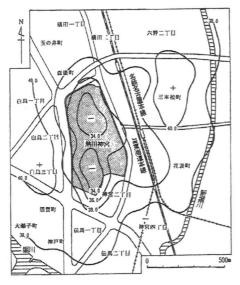

図27　大型緑地による気温軽減効果　熱田区の熱田神宮内の気温は、周辺部に比較して4～5℃低い。

あたる高度と「正」の相関関係にあり、都市の上限高度はヒートアイランド強度が増すほど高くなる。

　現在の名古屋におけるヒートアイランドの上限高度は明らかではないが、1986年当時は約1000mであった。これは、1986年のボルンシュタインによるニューヨークを上回る高さである。

　今後は、都市内部からの排出熱の削減は当然のことながら、緑化対策によって都心部

36

の上昇気流を弱めるかが課題であるが、現在の東区、中区、および熱田区緑被率は13%前後であり、東区は最も低くて12.2%である（名古屋市緑政土木局　2010年）。

　中区の緑被率は13.9%であるが、東区や熱田区が10年前に比較して減少したのに対し、0.6%上昇している。これは久屋大通公園の樹林の成長によるものであろう。

　都心部の熱田区に位置する熱田神宮内は、日中の最高気温が周辺部に比較して約6℃低い。さらに、神宮の大型緑地からの冷気の滲み出し現象によって、風下側の200メートルの範囲は約4℃の気温軽減効果がみられるのである。

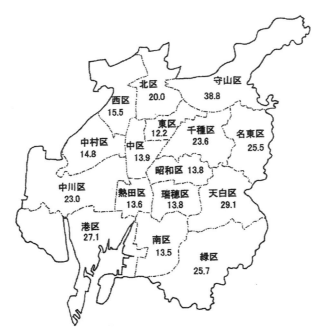

図28　名古屋市の区別緑被率
（名古屋市緑政土木局資料2010年）

　このような熱田神宮の都心部における熱的軽減効果は、東京の神宮外苑や代々木公園の大型緑地でも確認されている。

　現在、名古屋で緑被率が30％を維持しているのは守山区のみで、38.8％である。次いで天白区の29.1％、港区の27.1％、緑区の25.7％の順である。しかし、守山区、天白区、緑区、中川区では、過去10年間で約10％前後緑被率が減少している。

　今後の都市の暑さ対策は、都心部の緑被率を高めて上昇気流を弱め、対流現象の上限高度を低くして、ヒートアイランド強度を弱める施策が必要である。

熱波から身を守るために

図29 都心部のオアシス 中区栄の噴水（希望の泉）は気化熱効果で周囲の温度が2℃軽減される。

かつて、地球温暖化が叫ばれる前までは、夕方になるとが玄関周りに打ち水をする光景がみられた。これは、透水性の地面では気化熱効果も期待できるが、日中熱されたアスファルト面ではその効果も薄らいできた。

特に、**熱されたアスファルト舗装面は日没後も放熱を続け、水をまいたとしても涼しく感じるのは一瞬であり、まさに焼け石に水**なのである。

都市域において気化熱効果を期待するのであれば、水を透して水分を蓄積する透水面を増やして、緑地や水面積などの占める割合を高めることが重要であり、緑被率の高い地域ほど気温の軽減効果が期待できるのである。

日向の芝生面は38.7℃であり、道路舗装面よりも20℃低く、また日陰の芝生は日向に比較して約9℃低い29.8℃である。この温度は、落葉広葉樹の葉の表面温度とほぼ同じであり、樹林地における緑陰効果がいかに大きいかがわかる。

都心部の規模の大きい緑道は緑被率を高め、ヒートアイランドの鉛直対流を抑える効果も兼ね備え、重要な役目を果たしているのである。

したがって、市民の憩いの場となる公園は、北側に冬の季節風対策

表6）アスファルト、および芝生面の表面温度と気温

	地表面温度（℃）	1.5m気温（℃）
黒のアスファルト	57.2	31.0
灰色のアスファルト	50.3	27.6
日陰のアスファルト	44.7	28.2
白色のアスファルト	44.8	31.4
芝　　　生	38.7	28.8
日陰の芝生	29.8	27.8

図30　フィンランドの首都ヘルシンキのエスプラナーディ通りは、道路と舗道の街路樹、緑道が整備されていて、歩行者が安全で緑陰を歩くことができる。

として常緑樹を植えるべきであるが、南側にはベンチ配置も含め、厳しい日射しを遮る樹高の高い落葉広葉樹を配置するべきである。

　現在は、経済発展に伴って都市域が拡大して高層建築物やアスファルト・コンクリートの占める割合が高くなってきた。このため、都心部のビル街では輻射熱によって厳しい暑さになっているのが現状である。

　真夏日のビル街での日陰の舗道は、日向に比べて日陰の路面温度が約20℃も低い。歩行者はビル建物の陰の舗道を歩くことで輻射熱から逃れ、暑さに対する体感温度を軽減することができるのである。

　日中の午後、乳幼児を連れた母親が炎天下の舗道を歩く姿を見かけるが、母親が感じる暑さはと乳幼児とは大きな違いがあり、**母親の顔が30℃でも乳幼児は50℃以上の路面に近く、40℃に近い暑さにさらされている**のである。

図31　ビル街では建物や道路、歩道からの輻射熱が暑さを増し、日陰を選んで歩くことが熱射病対策になる。

図32　真夏の舗道やアスファルト面に近いほど路面温度が高く、輻射熱によって幼児は厳しい暑さに晒されている。

したがって、盛夏の日中は、乳幼児を炎天下に出さないように心掛ける必要があり、止む得ない場合には建物の日陰や街路樹の陰になる舗道を選ぶことが求められるのである。

舗装面は黒いほど熱反射率が低く、白に向かうほど高くなる。暑さに向かって衣替えが黒い服装から白色に変わるのはこのためで、熱を吸収しない風通しの良い服装で体温の調節をしているのである。

真夏日における自動車の表面温度は、反射率の高い白の塗装では50℃に満たないが、赤や青、茶系の場合には60℃であり、黒のアスファルト舗装面とほぼ同じである。しかし、黒色の塗装車になると70℃を上回るほどである。

自動車内温度は、表面温度が高いほど車内温度も高くなり、黒の小型車は断熱材が挿入された大型車に比較して車内温度の上昇率も

図33　猛暑日の道路工事現場　舗装したての路面は60℃近くにまで達していて、WBGT31℃をはるかに超えているため、長時間の労働は危険で、日陰での休養と水分補給は欠かせない。

高くなる。

　密閉された車内の温度は、わずか5分で50℃以上にも達することが明らかにされており、母親が乳幼児を車内に置き去りにして死亡する事故が毎年のように報道されている。

　特に、炎天下のスーパーマーケットの駐車場は、アスファルト舗装面と自動車からの輻射熱で特に気温が高くなりやすく、乳幼児を車内に残すことは危険である。これは、たとえエアコンが作動していたとしてもエンストする可能性は否めないからである。

　これらは、暑さが人の命に関わることへの認識不足から起きる事故といえよう。また猛暑日における屋外の道路工事現場では、気象台が発表する気温をはるかに上回る厳しい暑さを強いられていて、特に舗装したての黒いアスファルトは路面温度が60℃近くに達し、長時間の作業は危険である。

　厚生労働省による予防指針では、激しい肉体労働でのWBGTが20℃とされているが、梅雨明け直後の無風時にはWBGTが30℃を上回ることが多く、屋内外を問わず安静に過ごし、作業は禁止である。

0

0

最後に

　人類はこれまで経済活動を優先し、温室効果ガスを大量に放出してきたが、地球温暖化による気候変動で亜熱帯高圧帯の拡大による乾燥化、および異常気象の頻発で食糧生産地域が減少し、食糧危機に瀕している。

　地球温暖化による地域気象への影響は大きく、人々の日常の生活にまで影響を及ぼすようになってきた。特に、異常猛暑の出現は人類の生死に関わる問題で、過去の暑さに対する概念を上回るようになった。

　我が国では、夏型気圧配置の変容に伴って南高北低型の出現率が50％にも達し、盛夏時には鯨の尾型になって**東海地方はフェーン現象の影響で東京や大阪と比較しても猛暑日日数が大幅に増えている。**

　このため、名古屋は熱中症の搬送者が全国的にも多い。特に、多くの高齢者が熱中症で夜間に救急搬送されているが、これは**過去の熱帯夜日数に対し、現在は５倍以上になっている**からであり、過去の経験法則がが逆に悪く働いている可能性が高い。

　したがって、暑さに対する熱中症対策として必要なのは、その現実を知ることであり、最高気温や最低気温、および体感としての暑さの詳細を行政区単位で理解する必要がある。

　日中の暑さが厳しいのは名東区、長久手市、中村区であり、熱帯夜の危険性が高いのは北区、西区、中村区、東区、中区、熱田区、昭和区、瑞穂区、および名東区である。

　また、体感としての暑さが厳しいのは西区、北区、名東区であり、それぞれ地域によって暑さの危険度の要素が異なっている。しかし、

　行政区の中で、最も熱中症への危険度が高く、暑さへの認識が必要なのは、名東区、西区、中村区であり、次いで北区、東区、守山区である。

　名古屋の猛暑日日数は、南高北低型の気圧配置の出現日数と「正」の相関関係にあり、この傾向指数を 2100 年まで追っていくと、今後はさらに猛暑日日数が増え、年間で 60 日以上現れる計算になる。

　暑さで人が死ぬ時代を迎え、今後は、地球温暖化の原因となる温室効果ガスの削減に向け、身近なところから努力をすることは当然の義務であるが、迫りくる異常猛暑に対する生活への備えは、過去の認識にとらわれない対策が必要である。

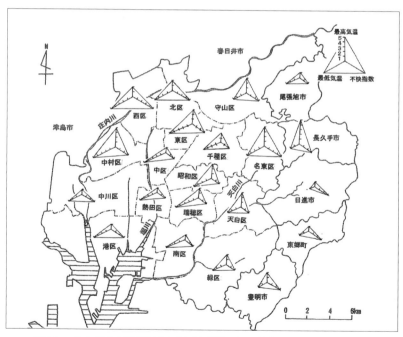

図34　名古屋と周辺地域の行政区別暑さの特徴。最高気温、最低気温、不快指数を三角図法で表したものである。三角形の形で地域性を把握することができ、5段階のグレードが高いほど暑さが厳しい。

名古屋16区別　暑さの特徴

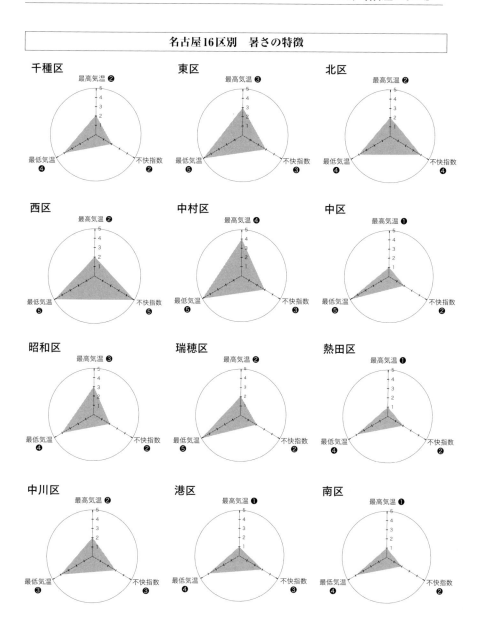

千種区
最高気温 ❷
最低気温 ❹　　不快指数 ❷

東区
最高気温 ❸
最低気温 ❺　　不快指数 ❸

北区
最高気温 ❷
最低気温 ❺　　不快指数 ❹

西区
最高気温 ❷
最低気温 ❺　　不快指数 ❺

中村区
最高気温 ❹
最低気温 ❺　　不快指数 ❸

中区
最高気温 ❶
最低気温 ❺　　不快指数 ❷

昭和区
最高気温 ❸
最低気温 ❹　　不快指数 ❷

瑞穂区
最高気温 ❷
最低気温 ❺　　不快指数 ❷

熱田区
最高気温 ❶
最低気温 ❹　　不快指数 ❷

中川区
最高気温 ❷
最低気温 ❸　　不快指数 ❷

港区
最高気温 ❶
最低気温 ❺　　不快指数 ❷

南区
最高気温 ❶
最低気温 ❹　　不快指数 ❷

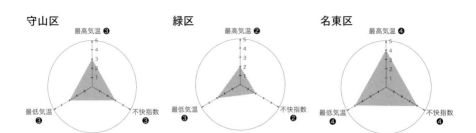

守山区 緑区 名東区

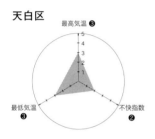

天白区

名古屋市近郊　暑さの特徴

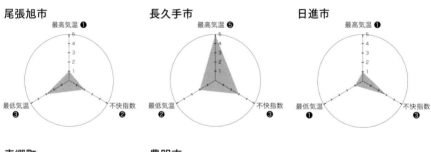

尾張旭市 長久手市 日進市

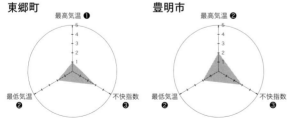

東郷町 豊明市

謝辞

　この本は、『熱中症』執筆中に他界された恩師の故吉野正敏筑波大学名誉教授の教え無くしては書けなかった。執筆にあたり、ご指導とご協力をいただいた一般社団法人気候環境研究会会員、および関係各位、また発刊の機会を与えていただいた風媒社の劉編集長に心から感謝の意を表します。

主な参考図書

　大和田道雄編著『名古屋の気候環境―暑さ寒さの原因を探る―』荘人社（1980）

　大和田道雄『NHK 暮らしの気候学』日本放送出版会（1989）

　大和田道雄『伊勢湾岸の大気環境』名古屋大学出版会（1994）

　福岡義隆編著『都市の風水度―都市環境学入門―』朝倉書店（1995）

　吉野正敏・福岡義隆編著『環境気候学』東京大学出版会（2003）

　吉野正敏『地球温暖化時代の異常気象』成山堂書店（2010）

　吉野正敏『極端化する気候と生活―温暖化と生きる―』古今書院（2013）

　大和田道雄・大和田春樹編著『都市環境の気候学―気候変動に伴う高温化と名古屋の熱中症対策に向けて―古今書院（2018）

著者略歴

大和田道雄（おおわだ　みちお）
1944 年生まれ、北海道出身
筑波大学理学博士　専門は気候・気象学・大気環境学
法政大学大学院在学中に吉野正敏教授に師事し、旧ユーゴスラビア「ボ
ラ」学術調査隊員として局地風を学ぶ。フィンランド在外研究員。日本
気象学会中部支部理事、中部国際空港専門委員会委員、名古屋市緑の審
議会委員、環境影響評価委員等を歴任。
現在、愛知教育大学名誉教授　一般社団法人「気候環境研究会」会長

大和田春樹（おおわだ　はるき）
1975 年生まれ　愛知県出身
東京大学博士（環境学）　専門は自然地理学・環境気候学
筑波大学自然科学系を経て東京大学大学院博士課程修了
『都市環境の気候学―気候変動に伴う都市の高齢化と名古屋の熱中症対
策に向けて―（古今書院）の共同執筆編著者。
現在、アイシン・インフォテックス株式会社　一般社団法人「気候環境
研究会」副会長

暑さで人の死ぬ時代　―いま、名古屋があぶない

2020 年 7 月 15 日　第 1 刷発行　（定価はカバーに表示してあります）

著　者　　　大和田 道雄

大和田 春樹

発行者　　山口　　章

発行所　名古屋市中区大須 1-16-29
振替 00880-5-5616 電話 052-218-7808　風媒社
http://www.fubaisha.com/

＊印刷・製本／モリモト印刷　　　乱丁本・落丁本はお取り替えいたします。
ISBN978-4-8331-1137-9